中国旅游智库景观设计文库

景 园 匠 心 侗族乡土景观图释

樊亚明　郑文俊 ／ 著

华中科技大学出版社
http://press.hust.edu.cn
中国·武汉

内容简介

  基于新时期民族地区乡村振兴发展与景观遗产保护所面临的机遇与挑战，本书以湘桂黔地区典型侗族村寨为研究对象，以景观为切入点，从选址布局、空间形态、景观风貌三方面解析了侗族聚落风貌景观，并通过风景素描、以图配文的形式，多视角展示了传统民居景观特征和寨门、鼓楼、风雨桥等聚落公共景观营造特色，可为侗族乡土景观遗产保护与可持续利用的相关研究和实践提供参考。

图书在版编目 (CIP) 数据

景园匠心：侗族乡土景观图释 / 樊亚明，郑文俊著 . —武汉：华中科技大学出版社，2023.8
ISBN 978-7-5680-9815-1

Ⅰ.①景…　Ⅱ.①樊…　②郑…　Ⅲ.侗族—民族建筑—建筑艺术—中国—图集　Ⅳ.① TU-882

中国国家版本馆 CIP 数据核字 (2023) 第 223482 号

景园匠心：侗族乡土景观图释　　　　　　　　　　　　　　　　　　　　　　　　　樊亚明　郑文俊　著
Jingyuan Jiangxin: Dongzu Xiangtu Jingguan Tushi

策划编辑：李　欢
责任编辑：王梦嫣
封面设计：廖亚萍
责任校对：刘　竣
责任监印：周治超
出版发行：华中科技大学出版社（中国·武汉）　　　　电话：（027）81321913
　　　　　武汉市东湖新技术开发区华工科技园　　　　邮编：430223
录　　排：华中科技大学惠友文印中心
印　　刷：湖北金港彩印有限公司
开　　本：880mm×1230mm　1/16
印　　张：11
字　　数：235 千字
版　　次：2023 年 8 月第 1 版第 1 次印刷
定　　价：78.00 元

作者简介
Author Profile

樊亚明，男，博士，桂林理工大学旅游与风景园林学院副教授，硕士研究生导师，主要研究方向为人居环境与风景旅游规划设计、旅游地可持续与景观管理等。主持国家社会科学基金1项，参与国家级科研项目6项，发表论文40余篇，出版专著3部，完成各类风景旅游规划设计实践项目50余项。

郑文俊，男，博士，桂林理工大学旅游与风景园林学院教授，博士研究生导师，风景园林专业学科带头人，主要研究方向为民族乡土景观与风景旅游规划。主持国家级项目4项、省部级项目6项，发表论文100余篇，出版专著3部，荣获省级教研成果奖4项。

出版说明
Publisher's Note

随着中国步入大众旅游时代，旅游产业成为国民经济战略性支柱产业。在社会、经济、体制转型之际打造中国旅游智库学术文库，可为建设中国特色新型智库做出积极贡献。中国旅游智库学术文库的打造，旨在整合旅游产业资源，荟萃国际前沿思想和旅游高端人才，集中出版和展示传播优质研究成果，为有力地推进中国旅游标准化发展和国际化进程，推动中国旅游高等教育进入全面发展快车道发挥助推作用。

"中国旅游智库学术文库"项目包括中国旅游智库学术研究文库、中国旅游智库高端学术研究文库、中国旅游智库企业战略文库、中国旅游智库区域规划文库、中国旅游智库景观设计文库五个子系列，总结、归纳中国旅游业发展进程中的优秀研究成果和学术沉淀精品，既有旅游学界、业界的资深专家之作，也有青年学者的新锐之作。这些著作的出版，将有益于中国旅游业的继续探索和深入发展。

华中科技大学出版社一向以服务高校教学、科研为己任，重视高品质学术出版项目开发。当前，顺应旅游业发展大趋势，启动"中国旅游智库学术文库"项目，旨在为我国旅游专家学者搭建学术智库出版推广平台，将重复的资源精炼化，将分散的成果集中化，将碎片化的信息整体化，从而为打造旅游教育智囊团，推动中国旅游学界在世界舞台上集中展示"中国思想"，发出"中国声音"，在实现中华民族伟大复兴"中国梦"的过程中，做出更具独创性、思想性及更高水平的贡献。

"中国旅游智库学术文库"项目共享思想智慧，凝聚学术力量。期待国内外有更多关心旅游发展，长期致力于中国旅游学术研究与实践工作研究的专家学者们加入到我们的队伍中，以"中国旅游智库学术文库"项目为出版展示及推广平台，共同推进我国旅游智库建设发展，推出更多有理论与实践价值的学术精品！

华中科技大学出版社

前言
Preface

乡村振兴，既要塑形，也要铸魂。传承民族文化，延续地方文脉，保留地方记忆，营造具有地域特色的乡村人居景观，是民族地区乡村振兴与和美乡村建设的重要任务。城镇化、信息化的浪潮和旅游经济的蓬勃发展，推动各种要素在乡村地区聚集、重组和转换，也加快了乡村风貌、社会文化和生产方式的变迁过程，传统农耕文明受到冲击，乡土景观日渐消解，文化传承困境凸显，现代乡村人居景观建设面临巨大挑战。近年来，随着文化寻根、文化自省、文化复兴等多重使命产生，重构乡土景观空间、挖掘地域特色、唤醒乡土记忆、延续乡村文脉、留住乡愁、强化乡土文化景观保护与现代性适应传承备受重视。

侗族是中华民族大家庭中的重要一员，侗族人民主要聚居在湘桂黔三省交界地带的崇山峻岭中。侗族聚落是侗族人民长期适应自然资源条件、与社会文化因素相互交织形成的具有民族特色的复合型聚落景观，是中国西南山地聚落的典型代表之一。2012年，位于贵州、湖南、广西三省（区）6县的26个侗族村寨被列入《中国世界文化遗产预备名单》。本书主要聚焦于湘桂黔侗族聚居区并以26个申遗侗族村寨为重点对象，基于田野调查、实地考察与实践研究，通过风景素描、以图配文的形式，从侗族聚落风貌、传统民居、公共景观三方面来阐释侗族乡土景观特色，力求为侗族传统聚落遗产保护与发展添砖加瓦。

本书是国家自然科学基金"环境适应性视野下侗族乡土景观营造智慧及其模式图谱"（51968012）和国家社科基金"南岭走廊传统文化基因融入现代乡村人居环境建设研究"（20BMZ049）的阶段性成果之一。参与实地调研、图件绘制和文字编排的研究生有李康明、孙正阳、魏星云、李桂芳、陈慧婷、曹文涛、黄宇婷、蒋斯怡、丘思程、陈颖、李珉青等，在此深表谢意。囿于时间和能力水平，书稿中难免存在纰漏之处，恳请读者予以批评指正。

本书的出版得到了桂林理工大学风景园林一流学科建设经费、广西高校人文社科重点研究基地广西旅游产业研究院专项建设经费资助。

作者

2023 年 4 月

目 录
Contents

一、侗族乡村聚落概述 001

   ○ 民族渊源 003

   ○ 地理分布 004

   ○ 文化习俗 005

   ○ 建筑文化 006

二、侗族聚落风貌景观 009

   ○ 侗族聚落选址布局 011

   ○ 侗族聚落空间形态 012

   ○ 侗族聚落景观风貌 022

三、侗族传统民居景观 059

四、侗族聚落公共景观 091

　　○ 寨门 093

　　○ 鼓楼 106

　　○ 风雨桥 127

　　○ 戏台 146

　　○ 凉亭 149

　　○ 街巷 154

一、侗族乡村聚落概述

○ 民族渊源

　　中国是一个统一的多民族国家，侗族是中华民族大家庭的成员之一。侗族属骆越支系。据记载，宋代称为"仡伶"或"仡览"，明清时期称为"峒苗""峒人""洞蛮"或泛称为"苗"，民国时期称为"侗家"，中华人民共和国成立后定为"侗族"①。侗族自古以来分布较广。《广西通志·诸蛮》记载，"高宗绍兴时"，"诱降诸蛮狑（伶）、狼（狼）、獠（僚）、狪（侗）之属三十一种，得州二十七，县一百二十五，砦四十，峒一百七十九"，又说"梧（州）浔（州）多狑（伶）狪（侗）蛮"②。《贵州图经新志》亦记载黎平府属有"峒人"，说"峒人者，其先皆中无人迁"。《明史纪事本末：附补遗，补编》③认为峒人"散居样牁、舞溪之界，在辰、沅者尤多"。由此可见，明代后，不仅岭南地区梧州一带有侗族分布，湘黔桂交界地带也有侗族分布。

　　侗族具有丰富的迁徙历史。《侗族祖先哪里来》④叙述道，"我们侗族祖先，落在什么地方？就在梧州那里，就在浔江河旁，从那胆村一带走出，来自名叫胆的村庄"。在侗族迁徙古歌《祖公上河 破姓开亲》中有："从此离开宜注、约注，沿河而上，背井离乡。走出胆村，越过课告，走进课根，岔进细田，出了天府，来到茶寨乌柏树下……"从流传的迁徙古歌中，可以发现侗族祖先从梧州、浔江、胆村一带出发，经过长安（今融安）、丹州、塘富、老堡等地，而后在沿江的河口上岸，再从这些河口分散到各地，繁衍生息。今日中华民族多元一体的格局，正是各民族历经千年融合发展，形成了共休戚、共存亡、共荣辱、共命运的多元一体的民族实体，即中华民族共同体。

三江侗族自治县程阳永济桥

① 龙初凡 . 侗族大歌知识产权保护探讨与法律保护分析 [J]. 贵州民族研究，2005（5）：44-51.

② 参见 https://www.gov.cn/test/2006-04/14/content_254405.htm，以及中华人民共和国国家民族事务委员会主持编辑的"民族问题五种丛书"。

③ 谷应泰 . 明史纪事本末：附补遗，补编 [M]. 上海：上海古籍出版社，1994.

④ 黔东南苗族侗族自治州文艺研究室，贵州民间文艺研究会 . 侗族祖先哪里来 [M]. 贵阳：贵州人民出版社，1981.

景园匠心：侗族乡土景观图释

○ 地理分布

根据《中国统计年鉴 2021》，我国侗族人口现有
3495993 人。主要分布于湖南省、贵州省、广西壮族自治
区等交界地带和湖北省的恩施土家族苗族自治州一带。其
中，贵州省的侗族人口主要聚居在黔东南苗族侗族自治州
和铜仁市，黔南布依族苗族自治州、遵义市、黔西南布依
族苗族自治州、六盘水市、安顺市也有少量分布；湖南省
的侗族人口主要聚居在怀化市的通道侗族自治县、新晃侗
族自治县、芷江侗族自治县等，邵阳市绥宁县、城步苗族
自治县亦有少量分布；广西壮族自治区的侗族人口主要聚
居在柳州市三江侗族自治县、桂林市龙胜各族自治县等地，
南宁市、梧州市也有少量分布；湖北省的侗族人口主要聚
居在恩施土家族苗族自治州。

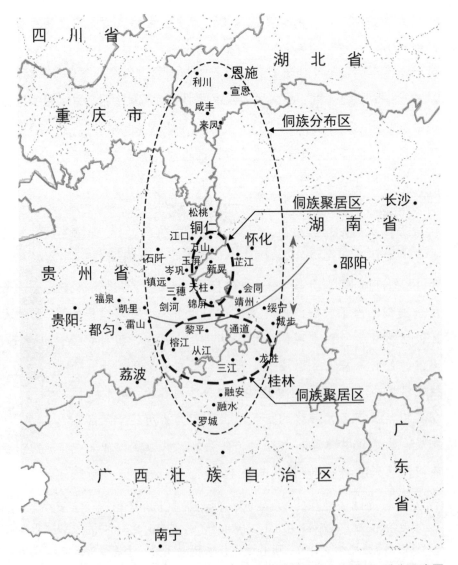

湘桂黔侗族主要聚居区分布示意图

○ 文化习俗

侗族历史文化悠久，民俗风情浓郁，民间文学、歌舞戏剧、饮食服饰、节事节庆等多姿多彩。

侗族被誉为"音乐的民族"，以歌为乐，视歌为精神食粮，用歌唱来抒发情感。侗族的民间文艺多为歌舞表演，表现种类丰富、特色鲜明，有社交中的礼俗歌舞，迎客时的拦路歌舞，节庆时的踩堂歌舞、酒歌舞，男女交往中的情歌舞，以及叙述历史的古歌舞等。侗族大歌是一种多声部音乐，亦称复调音乐，包括鼓楼大歌、声音大歌、礼俗大歌、叙事大歌、儿童大歌、戏曲大歌等，是中华民族文艺宝库中一颗璀璨夺目的明珠，打破了"中国民歌没有多声部"的说法，曾在法国巴黎金秋艺术节上引起了轰动。侗戏具有浓郁的民族色彩，曲调丰富多彩，有说有唱，主要流传于黎平县、榕江县、从江县、三江侗族自

治县、通道侗族自治县等，2006 年被列入第一批国家级非物质文化遗产。

侗族人的主食以米饭为主，大部分地区食粳米，山区多食糯米，平坝多食粳米，同时辅以玉米、红薯等杂粮；大部分地区日进三餐，部分地方早餐喝"油茶"，中午吃米饭，晚餐喝"油茶"，夜餐吃米饭。进餐时，一般都摆高桌矮凳。以美食为主体的民俗有"拦路酒""三朝酒""转转酒""长桌宴""百家宴""合拢饭"等。

侗族服饰衣料，多用自种的棉花，自纺、自织、自染的侗布，细布、绸缎多用作盛装和配饰。大部分地区，男穿对襟衣，装束与汉族相似，而妇女装束则体现明显的地区差别，分为裙装、裤装两种。侗族妇女喜佩戴银饰。银饰种类繁多，有项圈、项链、手镯、戒指、耳环、银花、银冠等。

侗族传统节日丰富，几乎月月有节，这些节日有的直接源于现实的生产生活，有的源于民族信仰，有的源于故事传说。"三月三"是侗族重要的节日，男女老幼成群结队来到山坡上或旷野中，欣赏青年男女对歌，名曰"赶歌场"。农历十月或十一月择日"过侗年"，以鱼祭祖，宴请宾客。

还有祭牛神，又称"牛神节"或"洗牛身"。"吃新节"多在早稻即将成熟时择日举行，或于农历七月十三或十四日，或于"戌"日，家家户户到田里摘取谷穗，去壳成米，与鸭、鱼等祭品一同供奉祖先，而后全家共餐。有的地方的"吃新"之日，除邻寨亲友前来做客外，还举行"斗牛"或集会唱歌活动。

榕江县三宝鼓楼

○ 建筑文化

　　侗族的鼓楼、风雨桥、凉亭等是侗族建筑的艺术结晶。鼓楼是侗寨的标志，有侗寨必有鼓楼。鼓楼一般为木结构，外表形态像多面体的宝塔。鼓楼结构精巧、造型美观、典雅端庄，被誉为"秉凉亭之清幽，兼宝塔之奇伟"。鼓楼是侗族人议事、休息和娱乐的公共场所。每逢节日，侗寨男女老幼便欢聚在鼓楼前"踩歌堂"或看侗戏。夏天，人们到鼓楼聊天、乘凉；冬天，大家到鼓楼里围坐在火炉边讲故事。

　　侗族的桥梁以木桥居多，石拱桥、石板桥、独木桥皆有之，以廊式的风雨桥最为出色，多为石墩木身。风雨桥又叫"花桥""福桥"，因行人过往能躲避风雨而得名。其中，最为著名的是三江侗族自治县的程阳永济桥（又称程阳风雨桥），建于 1916 年，全长 64.4 米，分四孔五墩，每孔净跨 14.2 米，桥宽 3.4 米，高 16 米[①]；八根联排杉木分上下两层重叠于桥墩之上，铺以木板，竖柱立架，覆盖青瓦，成长廊走道；顶上有五座亭阁，当中的一座是四层

　　[①] 程阳永济桥的数据为实地测量所得。阶梯长度未计入桥身长度，桥面以上的桥亭高度计入桥高。

高定独柱鼓楼

六角，两边各有一座为四层四角，另两座则是五层殿式楼亭。程阳永济桥被列入全国重点文物保护单位。

侗族民居通常为干栏式结构建筑，多为两层。民居的二层是侗族人日常生活、饮食起居的空间，一层的火塘和堂屋是接待客人、家庭聚会及祭祀祖先的重要场所。侗族传统干栏式民居通常彼此相连、廊檐相接，正所谓"侗屋高高上云头，走遍全寨不下楼"。侗族聚落整体上呈现鳞次栉比、纵横交错、错落有致的形态布局特征，对都市人有很强的吸引力，使人渴望回归田园，能够抚慰乡愁，对我们探讨新时代和美乡村人居景观建设具有重要的启示与借鉴意义。

坪坦侗寨民居

二、侗族聚落风貌景观

○ 侗族聚落选址布局

　　侗族聚落一般依山傍水而建，选址布局主要受地形、地貌、水系等因素影响，以适应周边自然地理条件。根据郑文俊、孙明艳[①]对湘桂黔地区296个侗族村寨的相关研究，侗族聚落主要分布于123—1211 m的高程范围，平均海拔为555.53 m，其中接近三分之二的侗族村寨位于海拔300—700 m的高程；所在地形坡度范围为0.28°—32.45°，主要分布在3°—6°的坡度范围内，平均坡度9.86°，地形起伏相对较大。侗族人择水而居，村寨与水系距离较近，多在100 m之内。侗族人聚居在特殊的"八山一水一分田"自然环境中，形成以水稻生产为经济基础，以渔猎、高山茶叶种植、采集、染织等为补充的自给自足的稻作农业生产体系，逐渐形成连片聚居和密集形态的村寨。

侗族村寨高程分布特征表

高程 /m	村寨数 / 个	平均高程 /m
100—299	28	229.36
300—499	96	419.92
500—699	99	587.95
700—899	58	785.07
900—1100	14	957.5
> 1100	1	1211

侗族村寨坡度分布特征表

坡度 /℃	村寨数 / 个	平均高程 /m
0—3（不含）	68	229.36
3—6（不含）	158	419.92
6—9（不含）	59	587.95
> 9	11	785.07

侗族村寨坡向分布特征表

坡向	北	东北	东	东南	南	西南	西	西北
村寨数 / 个	50	30	19	20	22	41	44	70

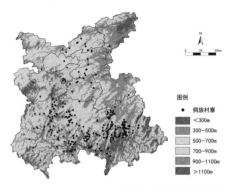

高程与侗族村寨分布

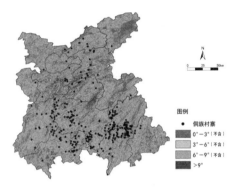

坡度与侗族村寨分布

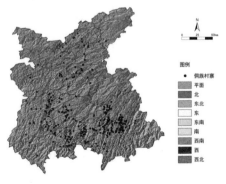

坡向与侗族村寨分布

---

① 郑文俊，孙明艳 . 侗族村寨选址布局特征及其生态智慧 [J]. 风景园林，2018，25(6):69-72.

○ 侗族聚落空间形态

　　乡村聚落是乡村地域自然环境、产业经济、历史人文、社会活动的重要场所。乡村聚落的空间特征是对乡村聚落体系地域空间属性的反映，可揭示其对特定地域的自然与人文环境变化与适应机制。边界作为聚落形态的重要组成部分，是聚落直接与外界环境沟通的"表皮"，具有限定、沟通、展示的作用，有重要的实用功能和丰富的人文内涵，同时也是诱发聚落形态产生改变的关键因子。街巷是支撑聚落形态的"骨架"，在千百年的自然生长下衍生出许多重要节点、景观廊道和空间网络，赋予不同村落鲜明的地方特色。街巷空间既是乡村聚落遗产的物质载体，又是一种文化空间，还是一种客观的、可被人们感知的存在，街巷空间形态及其组织模式对人们的空间认知、体验产生影响。

　　位于贵州、湖南、广西三省（区）6县的

26个侗族村寨入选了2012年9月国家文物局更新的《中国世界文化遗产预备名单》，是侗族聚落文化遗产保存较真实完整的典型代表。其中，贵州省黎平县述洞侗寨、黄岗侗寨、堂安侗寨、厦格侗寨、地坪侗寨，榕江县大利侗寨、宰荡侗寨，从江县朝利侗寨、增冲侗寨、高阡侗寨、占里侗寨、银潭侗寨12个村寨入选；湖南省通道侗族自治县芋头侗寨、高步侗寨、阳烂侗寨、坪坦侗寨、横岭侗寨、中步侗寨，绥宁县上堡侗寨、大团侗寨8个村寨入选；广西壮族自治区三江侗族自治县高定侗寨、平寨、岩寨、马鞍寨、高友侗寨、高秀侗寨6个村寨入选。侗族聚落是侗族人民长期适应生存环境的文化景观遗产，基于分形几何、景观生态学和图底分析理论，利用形状指数、分维数等指标对上述26个侗族村寨进行量化研究并探讨乡村聚落空间的形态特征、演变及空间组织规律，相关研究成果对于构建乡村聚落建筑、文化、景观等遗产保护体系具有重要意义。

堂安侗寨

宰荡侗寨

芋头侗寨

1. 聚落边界形态特征

以侗族村寨卫星地图为基础，结合图底分析法，绘制以建筑单体为构成要素的聚落空间图斑。将长宽比、形状指数、分维数作为指标，对研究对象进行量化分析，建立聚落地域边界量化指标体系。在数据量化过程中，分别赋予聚落大、中、小三种尺度边界25％、50％、25％的比重，计算每个聚落边界图形的平均周长面积比和分维数。受到地势条件、自然资源分布等现状条件的影响，侗族聚落空间形态特征也有所不同，其空间形态类型具体可分为6种，分别是团状、带状倾向的团状、带状、团状倾向的指状、无明确倾向性的指状，以及带状倾向的指状。

侗族样本聚落位置信息

所在地区	聚落名称	位置坐标（经纬度）	所在地区	聚落名称	位置坐标（经纬度）
广西壮族自治区柳州市三江侗族自治县	平寨	109°38′41″E，25°54′06″N	湖南省怀化市通道侗族自治县	芋头侗寨	109°42′34″E，26°08′20″N
	马鞍寨	109°30′09″E，24°26′40″N		阳烂侗寨	109°42′17″E，24°01′54″N
	岩寨	109°35′03″E，25°56′28″N		高步侗寨	109°41′24″E，26°01′36″N
	高秀侗寨	109°42′13″E，24°00′18″N		坪坦侗寨	109°42′43″E，24°02′23″N
	高友侗寨	109°43′00″E，25°59′04″N		中步侗寨	109°44′46″E，26°01′03″N
	高定侗寨	109°28′33″E，25°59′12″N		横岭侗寨	109°43′08″E，26°03′33″N
贵州省黔东南苗族侗族自治州榕江县	大利侗寨	108°38′22″E，26°02′29″N	湖南省邵阳市绥宁县	上堡侗寨	110°07′55″E，26°22′41″N
	宰荡侗寨	108°39′11″E，26°00′54″N		大团侗寨	109°29′24″E，26°16′44″N
贵州省黔东南苗族侗族自治州从江县	增冲侗寨	108°41′58″E，25°54′53″N	贵州省黔东南苗族侗族自治州黎平县	黄岗侗寨	108°58′24″E，25°55′13″N
	占里侗寨	108°54′41″E，25°50′42″N		地坪侗寨	109°11′38″E，25°52′16″N
	朝利侗寨	108°44′08″E，25°57′39″N		堂安侗寨	109°12′40″E，25°54′04″N
	高阡侗寨	108°45′42″E，25°51′21″N		厦格侗寨	109°12′13″E，25°54′10″N
	银潭侗寨	108°52′55″E，25°47′27″N		述洞侗寨	108°56′00″E，26°06′33″N

（1）团状：在地势较为平坦的地区，其村落边界形态主要为团状，整个聚落布局相对紧凑。通过量化分析，我们发现呈现团状聚落形态的聚落有5个，分别是马鞍寨、增冲侗寨、占里侗寨、岩寨、平寨，其中，马鞍寨、增冲侗寨、岩寨、平寨4个聚落都是顺着河流流向分布在河流一侧，抱团而形成的团状聚落；而占里侗寨则因选址布局于两座高山之间的台地上，所以呈现为纵向发展的团状聚落。

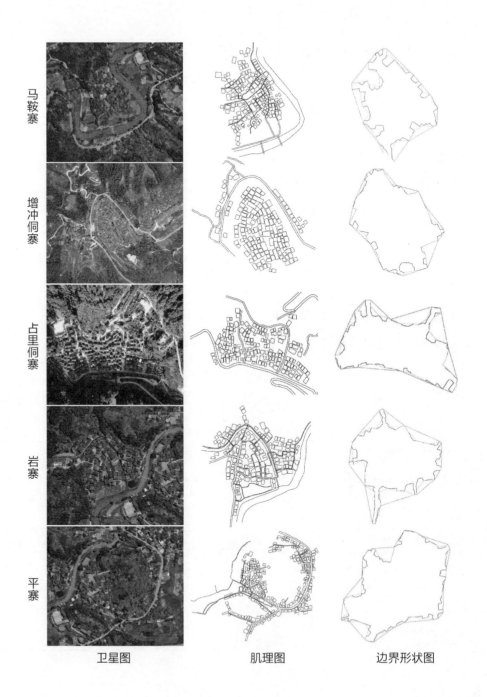

马鞍寨　增冲侗寨　占里侗寨　岩寨　平寨

卫星图　　　　　肌理图　　　　边界形状图

（2）带状倾向的团状：在聚落发展的过程中，在适应地形地势以及交通、河流等因素的基础上，为满足人类扩大聚落规模的自身需求，而新建更多建筑物，使得聚落呈现出带状发展的倾向，这就是带状倾向的团状边界形态。通过研究发现，带状倾向的团状的村落有2个，分别为阳烂侗寨、朝利侗寨。其特征是在河流的一侧形成团状，其中阳烂侗寨受到交通因素的影响有带状发展的倾向，而朝利侗寨则沿河流流向以及交通道路继续往纵向发展，呈现出带状发展的趋势。

（3）带状：带状聚落是受到河流、道路、地势影响而形成的一种沿河发展、沿路发展、依山而建的带状聚落，一般分布在山谷、丘陵之间。通过数据分析，我们发现呈带状形态的聚落有芋头侗寨、宰荡侗寨、大利侗寨。芋头侗寨受地形地势的影响较大，它处于两山之间的平地上，沿山谷、道路方向呈带状发展；而宰荡侗寨、大利侗寨的聚落布局同时受到地形地势以及河流的影响。

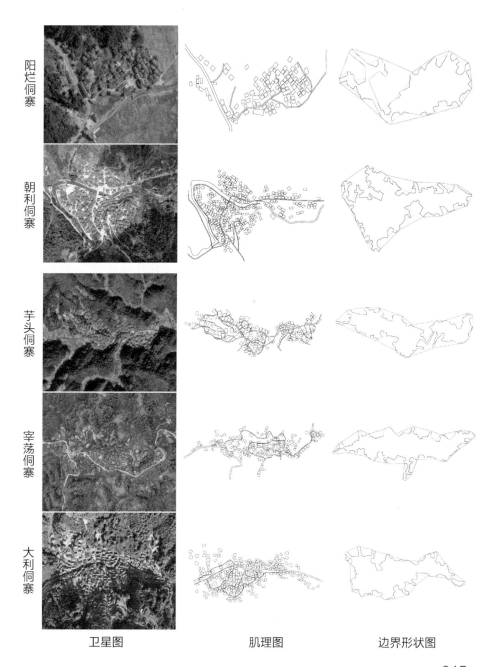

阳烂侗寨

朝利侗寨

芋头侗寨

宰荡侗寨

大利侗寨

卫星图　　　　　　肌理图　　　　　　边界形状图

（4）团状倾向的指状：指状聚落是指有多个发展或延伸方向的聚落。高步侗寨、述洞侗寨、黄岗侗寨、上堡侗寨、高定侗寨和高友侗寨这6个侗族聚落景观空间形态呈团状倾向的指状。高步侗寨受河流和道路的影响，沿河成线，沿路成团；述洞侗寨整体上沿河分布，并顺着不同河流的分支，聚落的空间形态呈现为往四周延伸布局的指状；黄岗侗寨受道路影响，沿路纵向发展，并且由于其分布地区的地势平坦，聚落形态呈现横向发展，并向北、东、南3个方向延展；上堡侗寨受到地形地势的影响，整个聚落位于山脚的平地，团状倾向较为明显，并受到交通因素的影响，其聚落形态呈现出沿道路发展的趋势；高定侗寨、高友侗寨则呈现出往多方向延伸的趋势，但其延展幅度较为平均，目前主要呈现为团状。

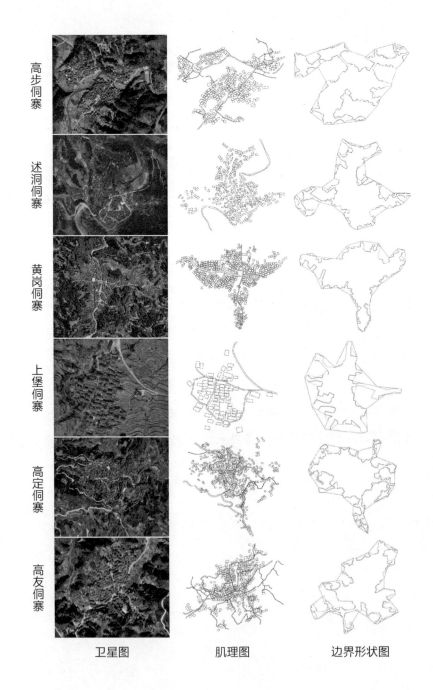

高步侗寨　述洞侗寨　黄岗侗寨　上堡侗寨　高定侗寨　高友侗寨

卫星图　　　　　　肌理图　　　　　　边界形状图

（5）无明确倾向性的指状：这类侗族聚落有多个发展方向，其聚落形状受周边环境的影响，整体上既没有呈现团状倾向，也没有呈现带状倾向，主要有横岭侗寨、地坪侗寨、堂安侗寨。横岭侗寨的聚落空间形态受到河流、农田、道路的影响，整体沿着道路、河流分布，其中沿河部分的建筑较为紧凑；地坪侗寨受周围环境的影响，不同地理位置的景观空间有着不同的形态，有沿着道路发展的，也有沿着河流聚集成团的，整体上没有明确的空间形态发展倾向；堂安侗寨处于山谷之间的平坦地区，布局紧凑，沿交通道路向外延展。

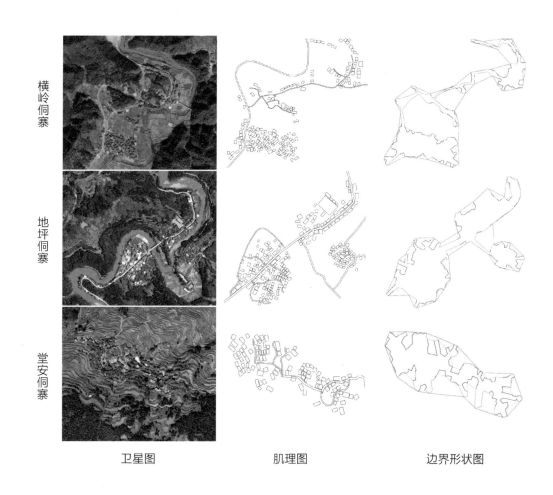

横岭侗寨　　地坪侗寨　　堂安侗寨

卫星图　　　　　肌理图　　　　　边界形状图

（6）带状倾向的指状：带状倾向的指状侗族聚落有坪坦侗寨、银潭侗寨、大团侗寨、高秀侗寨、厦格侗寨、高阡侗寨、中步侗寨。坪坦侗寨北部受道路交通要素的影响，沿路聚集，靠近河流之后沿河扩增，呈沿河纵向分布，聚落整体形态为带状倾向的指状；银潭侗寨分为上寨和下寨，两个寨子沿着地形地势、道路分布，在宽敞的平地，建筑分布相对集中，而沿着道路的建筑则并列分布，整个聚落形态布局非常紧凑；大团侗寨面田背山，生产、生活区域通过村落中的主要道路连接，呈带状分布，并有指状分布的发展趋势；高秀侗寨整体沿路呈带状分布，在平坦地区聚落空间相对集中；厦格侗寨整体沿路呈带状分布，分为东西两部分，西部较东部更大，建筑沿线聚集；高阡侗寨北部沿河呈带状分布，南部受地形影响，沿道路分布，中部地形平坦，聚落分布相对集中；中步侗寨受地形影响，沿路分为北、中、南3个部分，生产空间相对集中，分布在聚落之间。

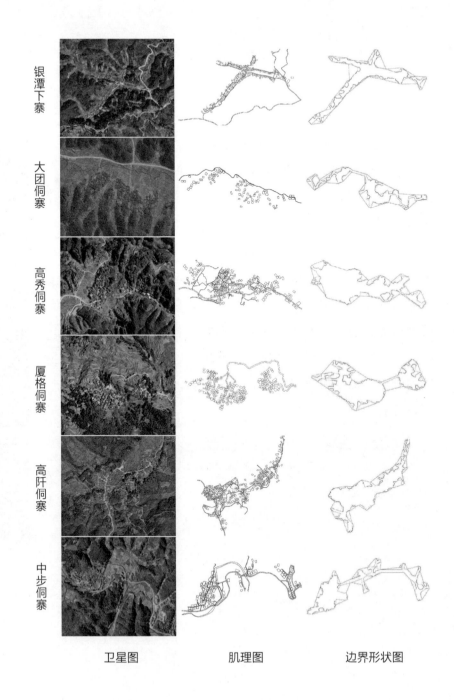

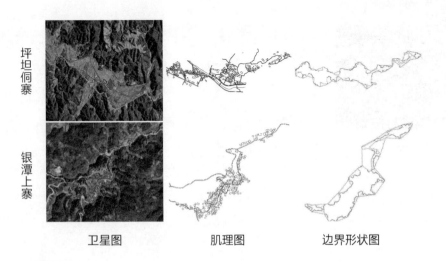

卫星图　　　　　肌理图　　　　　边界形状图　　　　　　　　卫星图　　　　　肌理图　　　　　边界形状图

2.聚落街巷空间特征

基于空间句法的理论，运用空间句法软件（Depthmap）对街巷空间的"轴线地图"进行量化，分析侗族传统聚落街巷空间形态特征，并通过全局整合度来分析某一个空间相对于系统内其他空间的中心程度。

通过分析发现，全局整合度均值的范围为0.3126—1.0339，同时把通过轴线分析出来的结果与村落的二维平面图形相结合，就可以通过轴线颜色的冷暖程度来确定该村区域的核心位置，颜色越暖，位置越核心，可达性也越高。全局整合度分析结果如下：

空间句法量化参数

村寨	轴线数量	全局整合度 RN	RN 均值	局域整合度 R3	R3 均值	平均深度 MD	可理解度 R²
中步侗寨	63	0.1613—0.4183	0.3126	0.3333—1.8294	0.9649	11.2029	0.1861
厦格侗寨	43	0.2278—0.5206	0.3760	0.4223—1.8333	0.9528	9.4020	0.1109
高定侗寨	14	0.2794—0.6010	0.4314	0.3333—1.3988	0.9317	9.5169	0.2382
宰荡侗寨	42	0.2377—0.6544	0.4610	0.3333—1.6008	0.9802	7.5901	0.3785
坪坦侗寨	104	0.2182—0.6999	0.4684	0.3333—2.3100	1.0684	10.4128	0.3719
岩寨侗寨	79	0.3065—0.6555	0.4795	0.4223—1.6132	1.0126	8.6741	0.4270
芋头侗寨	118	0.2599—0.6593	0.4802	0.3333—2.1336	1.1189	12.3670	0.2404
平寨侗寨	79	0.2546—0.7052	0.4822	0.3333—1.7379	0.9612	9.0186	0.4323
银潭上寨	40	0.2860—0.8035	0.5237	0.3333—1.7572	0.9366	6.8089	0.6506
高秀侗寨	122	0.3119—0.8769	0.5441	0.3333—1.8344	1.1079	9.9421	0.4263
阳烂侗寨	32	0.2927—0.8189	0.5446	0.3333—1.5405	0.9024	6.1145	0.5979
增冲侗寨	38	0.2830—0.7895	0.5453	0.3333—1.5668	0.9940	6.3226	0.4265
马鞍侗寨	59	0.3134—0.8664	0.5679	0.3333—1.722	0.9582	7.3857	0.6283
高阡侗寨	96	0.2925—0.8431	0.5701	0.3333—1.9304	1.1117	7.8285	0.4360
堂安侗寨	40	0.3293—0.8648	0.5830	0.3333—1.6981	1.0473	6.4591	0.5820
高友侗寨	101	0.3707—0.9007	0.5863	0.3333—1.8962	1.0661	8.0566	0.4929
大团侗寨	22	0.5487—1.2500	0.5892	0.5660—1.8185	1.1621	3.6234	0.6912
述洞侗寨	46	0.3195—1.0146	0.6110	0.4223—1.9565	1.0717	5.7649	0.5604
横岭侗寨	65	0.4051—0.9276	0.6469	0.3333—1.9244	1.1451	6.7227	0.5840
高步侗寨	72	0.2819—1.1540	0.6826	0.3333—2.2648	1.1292	6.9108	0.7614
地坪侗寨	43	0.3987—1.1150	0.6882	0.3333—2.7624	1.2548	5.6788	0.5341
银潭下寨	32	0.4115—1.1923	0.7197	0.3333—1.9244	1.0779	4.9126	0.6926
黄岗侗寨	81	0.4123—1.2319	0.7524	0.3333—1.9851	1.2002	6.4191	0.6379
朝利侗寨	44	0.4230—1.5151	0.8634	0.3333—2.4449	1.2783	4.7389	0.6272
大利侗寨	31	0.5557—1.4044	0.8766	0.6368—1.6674	1.2445	4.0989	0.7512
上堡侗寨	31	0.5439—1.3793	0.8959	0.4986—1.6828	1.2066	3.9763	0.6821
占里侗寨	41	0.6025—1.8950	1.0339	0.4223—2.4569	1.2613	4.1734	0.9306

（1）全局整合度数值小于0.4：全局整合度数值小于0.4的是中步侗寨、厦格侗寨，呈现的外部形状都为带状倾向的指状。其中，中步侗寨的建筑布局较为零散，主要是受到了农业用地的影响以及水体、交通的诱导，在不影响生产方式前提下，往外扩张，导致聚落空间结构的各部分关联度较低。厦格侗寨因为地形地势的影响，整个聚落分为了两个部分，建筑的分布是由路口向周围进行扩散，道路呈"一"字向外扩展，各部分到路口的通达性较高，但系统内各个部分的连通性不强。

（2）全局整合度数值为0.4—0.5：全局整合度数值为0.4—0.5的有高定侗寨、宰荡侗寨、坪坦侗寨、岩寨、芋头侗寨、平寨，包含了4种边界形态特征。平寨、岩寨的边界形态呈团状，平寨建筑较为集中，但是因为聚落有山体的存在，所以在一定程度上降低了空间的可达性，导致全局整合度偏低。坪坦侗寨主要是因为河流的分隔，而导致河流两侧建筑的沟通连接性不强。

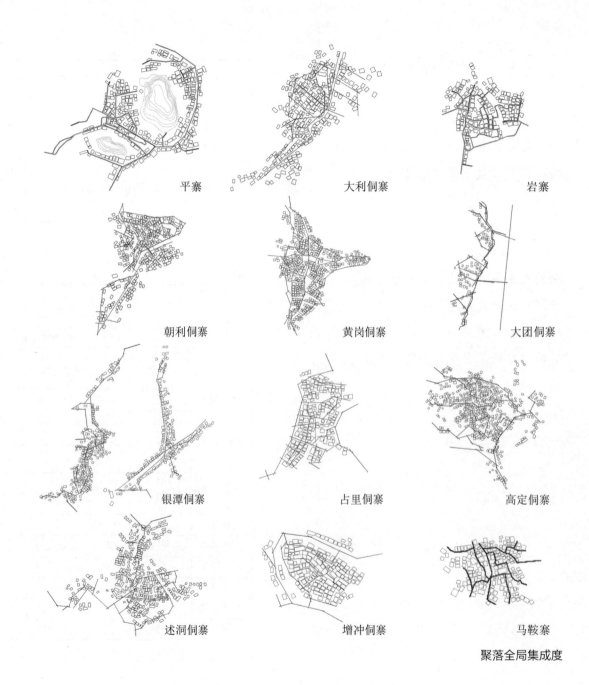

平寨　　　　　　大利侗寨　　　　　　岩寨

朝利侗寨　　　　黄岗侗寨　　　　　　大团侗寨

银潭侗寨　　　　占里侗寨　　　　　　高定侗寨

述洞侗寨　　　　增冲侗寨　　　　　　马鞍寨

聚落全局集成度

（3）全局整合度数值为 0.5—0.7：全局整合度数值为 0.5—0.7 的有银潭上寨、高秀侗寨、阳烂侗寨、增冲侗寨、马鞍侗寨、高阡侗寨、堂安侗寨、高友侗寨、大团侗寨、述洞侗寨、横岭侗寨、高步侗寨、地坪侗寨，占所有样本侗族聚落的 48%。横岭侗寨、地坪侗寨呈无明确倾向性的指状，我们通过观察发现，这两个侗族聚落都有相对紧凑的聚集地，这个聚集地的整合度较高，但由于聚落的扩张，发展方向逐渐变多，聚落结构分散，从而在一定程度上降低了全局整合度。

（4）全局整合度数值大于 0.7：全局整合度数值大于 0.7 的有银潭下寨、黄岗侗寨、朝利侗寨、大利侗寨、上堡侗寨、占里侗寨，虽然这 6 个侗族聚落的边界形态都有所不同，但整体的聚落空间布局较为规整，街巷道路纵横交错，结构明朗，各处的可达性都比较高，整合度也高。

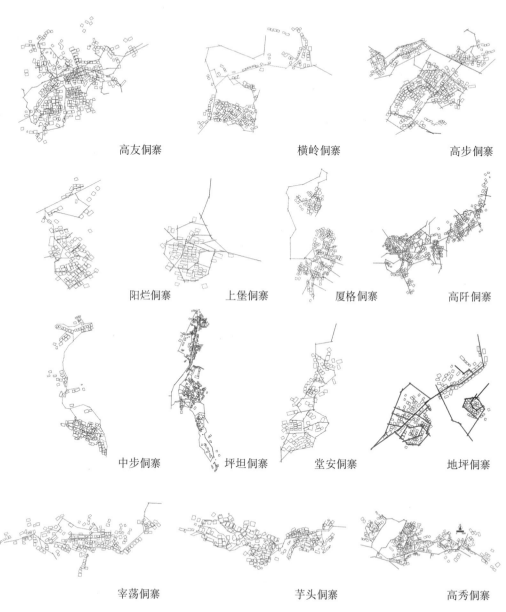

聚落全局集成度

○ 侗族聚落景观风貌

侗族乡村聚落整体景观风貌大致呈现三种类型[1]：

（1）山麓河畔型。该类型聚落坐落于山麓缓坡台地，建筑朝向背山面水，沿河畔分布，错落有致，村寨内部空间结构组织较为紧密，注重山水配置，如马鞍寨、坪坦侗寨、高定侗寨、银潭侗寨、横岭侗寨等。

（2）平坝田园型。该类型聚落一般位于河流交汇处或平坦开阔的盆地、坝子，村寨的规模一般较大，村寨之间联系紧密，"阡陌交通，鸡犬相闻"，建筑间隔较小，周围分布有大片稻田，田园风光景致优美，"诗意栖居"景象油然而生，为理想的人居环境，如平寨、岩寨、占里侗寨、大利侗寨、横岗侗寨、述洞侗寨等。

（3）半山隘口型。该类型聚落选址具有较强的防卫性及隐秘性，往往坐落在有水源的半山腰，建筑分布层叠而上，顺应地势高差层叠而筑，鳞次栉比，山泉、溪流自上而下穿寨而过，形成山水交融之势，如堂安侗寨、厦格侗寨、芊头侗寨、大团侗寨等。

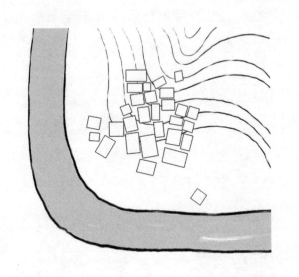

山麓河畔型示意图

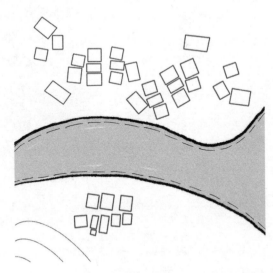

平坝田园型示意图

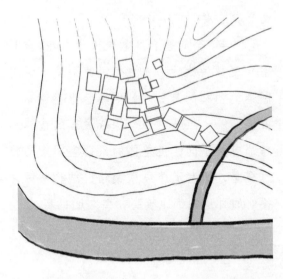

半山隘口型示意图

① 霍丹,甘晓璟,唐建.侗族传统聚落空间形态的再思考 [J].建筑与文化,2017(6):248–249.

岩寨景观风貌

风雨桥横跨林溪河，民居沿河两岸依山势而建，形成山、水、寨、田相融，错落有致的整体景观风貌。

景园匠心：侗族乡土景观图释

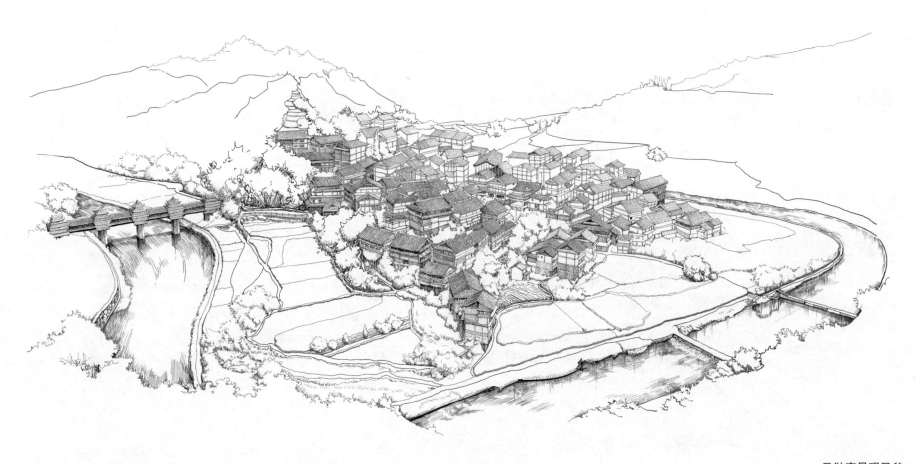

马鞍寨景观风貌

聚落选址山麓，河流水系环绕，阡陌田园纵横，民居背山面水，风雨桥连接村寨内外。

马鞍寨景观风貌

民居建筑依山就势，与自然融为一体，层次与轮廓线变化丰富。

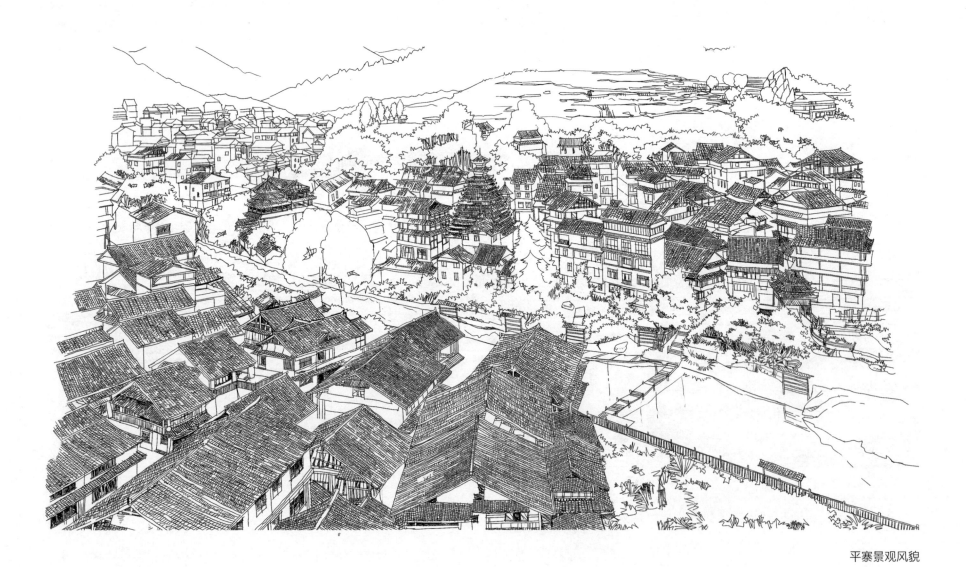

平寨景观风貌

村寨沿河两岸展开而建，背山临水，建筑物随地形高低错落，鼓楼位于中心，形成独特景观风貌。

平寨景观风貌

民居、鼓楼、寨门错落山间，村寨背山势而临田畴，呈现一幅祥和的田园风光景象。

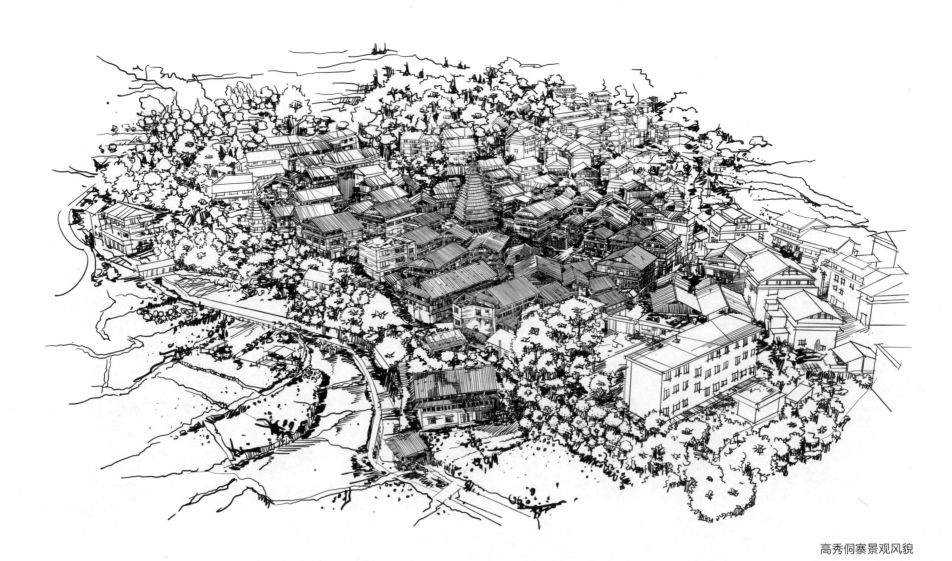

高秀侗寨景观风貌

鼓楼居中心，民居围绕鼓楼不断向外扩展，远山近水交相辉映，自然情趣满满。

高秀侗寨景观风貌

寨前田畴平广，村后青山如屏，鼓楼高耸，巧借地势形成高低错落的田园景致。

高秀侗寨景观风貌

山为屏，田居中，民居向心拓展而建，鼓楼点缀其间，增加了村寨的向心感和内聚力。

占里侗寨景观风貌

依山而建的民居建筑，随山势层层升高，鼓楼居中心，屋顶参差，形成层次丰富、视野开阔的乡村景观意象。

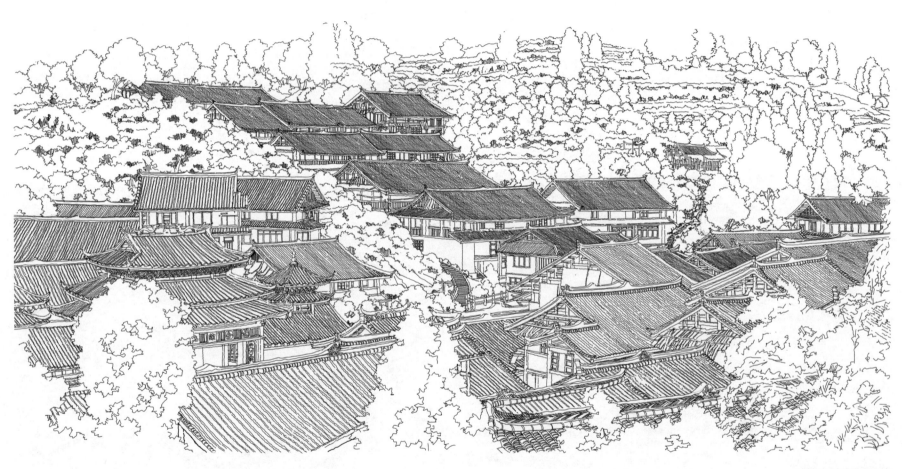

高友侗寨景观风貌

建筑依山就势，屋顶参差，与自然交相辉映，层次与轮廓线变化丰富。

高友侗寨景观风貌

民居建筑依山就势而建，层层叠叠，错落有致。

高定侗寨景观风貌

　　村寨选址山麓，民居以鼓楼为中心形成多个建筑群，以适应地势变化，形成层次丰富、富有变化的乡村景象。

高定侗寨景观风貌

民居建筑依山就势而建，鼓楼置于其间，一幅层层叠叠、鳞次栉比的"城市"景象。

大利侗寨景观风貌

村寨环山而立，建筑错落有致，"绿树村边合，青山郭外斜"的景观意象油然而生。

建筑屋顶参差错落，聚焦鼓楼，于秩序中富有变化。

大利侗寨景观风貌

宰荡侗寨景观风貌

场地平缓，民居建筑随形就势，整体上韵律感十足。

宰荡侗寨景观风貌

河流穿村寨而过，民居建筑高低错落。

黄岗侗寨景观风貌

村寨选址河畔，民居沿河两岸而建并向山边延伸，风雨桥沟通两岸，道路连接寨子内外。

黄岗侗寨景观风貌

干栏式建筑依山就势，形成错落有致的典型的侗族聚落建筑景观。

述洞侗寨景观风貌

　　道路从村寨内穿过，把聚落划分成两部分，每一部分均以鼓楼为中心，呈现出格调统一、风貌协调的整体意象。

述洞侗寨景观风貌

村寨背山临田，干栏式民居错落有致，水碾、谷仓、禾晾点缀其间，极富田园风光意象。

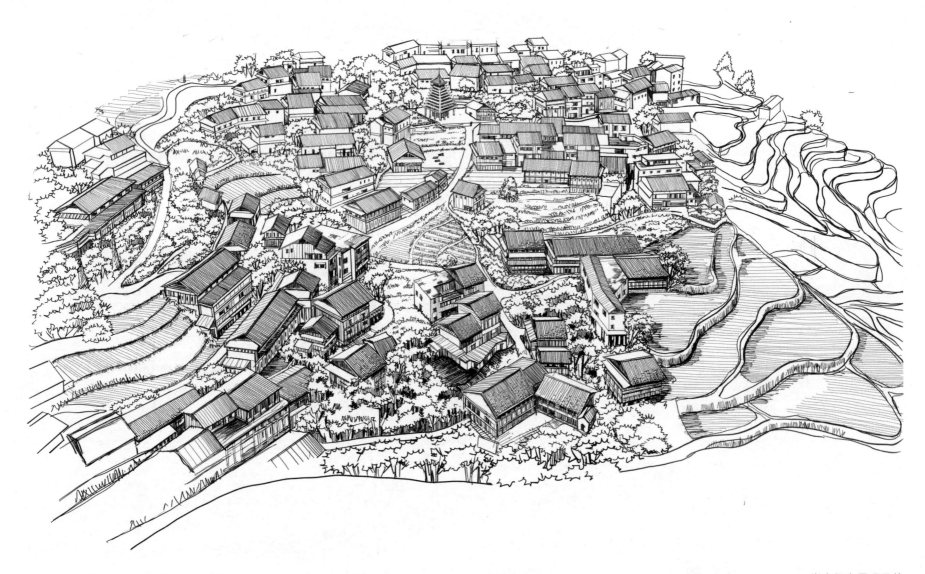

堂安侗寨景观风貌

民居建筑散落于梯田之间，不断生长形成侗族村寨，寨中有田，田间有寨，呈现出人与自然和谐共生的景象。

堂安侗寨景观风貌

村寨建筑、梯田、树木相融相生,自然与人融为一体,交相辉映。

厦格侗寨景观风貌

以鼓楼为中心，建筑依附于山体错落排列，层次分明。

厦格侗寨景观风貌

民居建筑随山势起伏又隐于山野，林冠线与屋顶瓦片相互融合。

银潭侗寨景观风貌

民居建筑以鼓楼为中心，沿道路两侧延展，空间轴线明确，形成鼓楼—民居—山林由内到外明确的聚落形态。

民居围绕鼓楼依山而建，整体呈现大包围、小聚居的空间形态特征。

朝利侗寨景观风貌

多座鼓楼林立，强化村寨多中心的空间形态结构。

鼓楼居村寨中心而立，周围民居建筑环绕而建，屋顶参差，层层叠叠，极富韵律。

增冲侗寨景观风貌

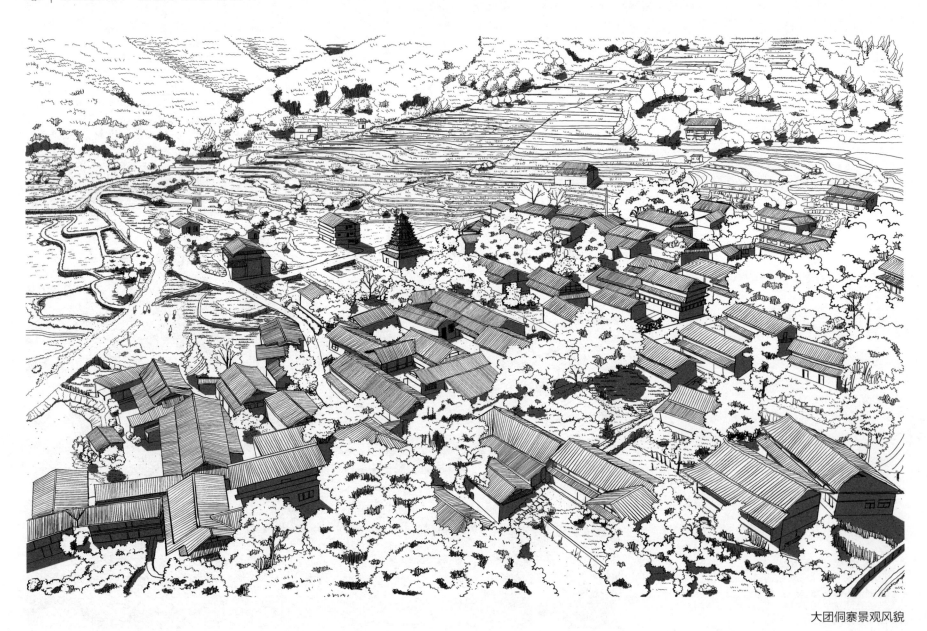

大团侗寨景观风貌

民居建于开阔缓坡之上，形成建筑院落，梯田近在咫尺，田园农耕景象特色鲜明。

大团侗寨景观风貌

村寨远山近水，阡陌田畴环绕，绿树点缀其间，一种生机盎然的诗意田园画境。

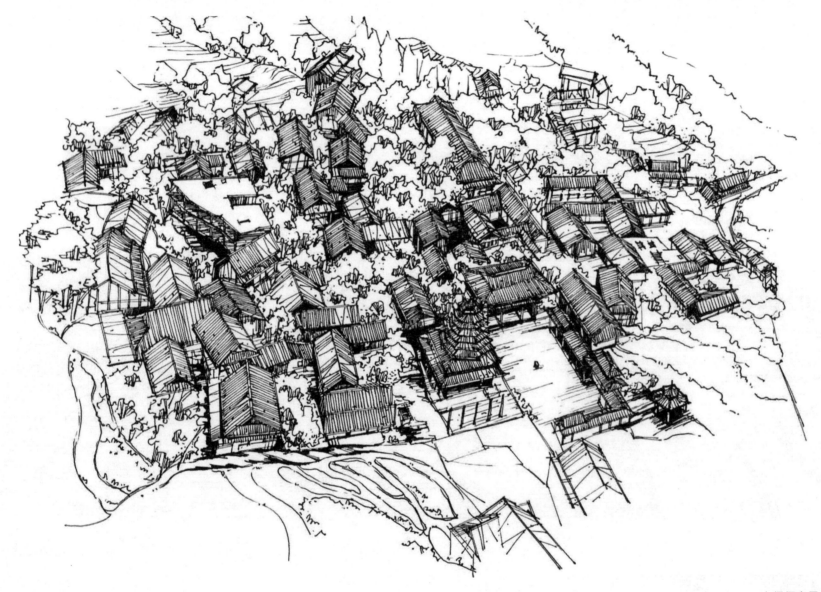

上堡侗寨景观风貌

民居建筑以鼓楼为中心向四周扩散，鼓楼前活动空间开阔，村寨向心性明显。

横岭侗寨景观风貌

民居随山形就地势而建，鼓楼中心性突出，建筑层次与轮廓线丰富。

芋头侗寨景观风貌

村寨选址谷地，两侧青山如屏，民居建筑依山就势以鼓楼为中心向外延伸，层次分明。

芋头侗寨景观风貌

建筑随形就势，民居、亭、廊、桥、路、田等看似随意而建，但又呈现出高低错落的层次感。

中步侗寨景观风貌

风雨桥、民居和鼓楼相互遥望又相互连接，四周林木与自然相融，远、中、近景观的层次感营造具有特色。

三、侗族传统民居景观

侗族传统民居以干栏式建筑为主，建筑用柱子托起，下部架空，"人处其上，畜居其下"，就地取材，依山临水，适应山形地势变化，并在不断发展中，形成变化丰富的高脚楼、矮脚楼、平地楼等建筑类型。侗族人民独具匠心地创造可利用空间，充分发挥有限空间的使用价值，因地制宜，因势利导，使侗族传统民居逐步形成布局形态多样、以干栏式建筑为主体的典型山地乡村聚落景观。

侗族干栏式建筑的功能空间由七个部分组成：畜舍和厕所空间、楼梯空间、宽廊空间、火塘间、寝卧空间、阁楼空间、厨房空间。[①]其主要特点如下：

岩寨民居

① 孙明艳，胡露瑶，郑文俊.传统侗族生态景观营建的生态智慧 [J].西安建筑科技大学学报（社会科学版），2018，37(6):26-33.

（1）畜舍和厕所空间。此空间位于架空的地层。根据使用要求，整个空间可以相连互通，也可以采取隔断的形式。空间的外壁可按户主偏好，以封闭、开敞等形式分割。在此空间系统中，人、牲畜及其排泄物与蔬菜、果树、草木等形成物质与能量循环且有效利用的生态系统。①

（2）楼梯空间。楼梯一般采用单跑形式，位于山墙面，置于建筑单元侧向端部，以垂直交通连接上下楼层。

（3）宽廊空间。作为室内外空间的中介的宽廊，是干栏式建筑的重要空间，通常位于建筑的二层或三层。一端连接楼梯，另一端连通火塘间、卧室等，形成了通透的过渡空间。

（4）火塘间。作为日常起居的重要场所，火塘间主要用于聚会、议事、庆典、聚餐等活动，常位于堂屋的东侧。

（5）寝卧空间。位于堂屋的两侧，采光、通风条件好，是休息的私密场所空间。

（6）阁楼空间。建筑屋顶的隔层所产生的小空间一般称为阁楼，用于存储杂物和粮食。

（7）厨房空间。民居厨房设置在建筑外部的一层旁，一是为了防火，二是避免烟熏等干扰起居生活。

堂安侗寨民居

① 孙永萍.广西传统民居的生态观与可持续发展技术——以程阳八寨为例 [J].规划师，2008(9):62-64.

马鞍寨民居

民居楼层功能分明，一楼养殖牲畜，二楼用于生活起居，三楼堆放杂物。

平寨临水民居

民居建筑临河而建，形成独特的滨水景观。

大团侗寨民居

黑瓦白墙和独特的梁枋结构，构成具有浓厚民族特色的民居建筑。

岩寨沿街民居

民居沿河两岸高低错落布局，人临水而居。

高秀侗寨民居

民居建筑相邻，高低错落相接。

大利侗寨临水民居

民居临水而建，竖向木柱结构与横向道路、河流交错，增强了河岸景观的魅力。

黄岗侗寨民居

侗族民居建筑的干栏式木结构特征。

黄岗侗寨民居

民居建筑、谷仓、禾晾架等以木为材，结构上具有相似特征。

黄岗侗寨民居

民居依山势而建，呈现高低错落的建筑风貌。

述洞侗寨临水民居

临溪而建的民居，居于其间的人的生活悠然自得。

堂安侗寨民居

依山就势而建的民居，建筑层层叠叠，街巷穿行其间。

厦格侗寨民居

传统民居的风貌特征在与新建筑的对比中，更凸显其保护与传承价值。

厦格侗寨民居

与周边自然环境相融的传统民居建筑。

厦格侗寨临水民居

与自然环境相协调的传统民居建筑。

银潭侗寨民居

传统民居主体建筑与附属功能性建筑组合。

宰荡侗寨民居

临水而建的民居，需要将底层架高，以应对洪涝灾害。

宰荡侗寨沿街民居

民居临街的一层可作为店铺，提供一些日常商品售卖服务。

占里侗寨民居

民居依山势而建，错落有致，整体建筑轮廓线协调。

占里侗寨民居

山形地势对民居建筑层层叠叠、高低错落的风貌起着决定性影响。

横岭侗寨民居

毛石矮墙既增强了建筑的防洪功能，也是人们生活起居的安全边界。

台阶既解决了地势高差给
出行带来的诸多不便，也增添
了建筑竖向的高差变化之美。

马鞍寨民居

中步侗寨临水民居

民居临河而建，鼓楼的中心性更加突出。

增冲侗寨临水民居

临河而建的民居，与周边环境协调共生。

民居建筑为典型的干栏式木结构，底层通常架空用于通风防潮。

阳烂侗寨民居

民居依寨门而建，建筑的
形式与功能得到完美交融。

阳烂侗寨民居

上堡侗寨民居

利用民居建筑前开敞空间建造小菜园或小果园对日常生活意义重大。

坪坦侗寨民居

将风格迥异的建筑连接在一起，是文化交流与融合的见证。

景园匠心：侗族乡土景观图释

高定侗寨民居

高低错落的民居建筑风貌，景观魅力非凡。

·090·

四、侗族聚落公共景观

○ 寨门

　　寨门是侗族聚落早期为防御匪患而在进出村寨的重要出入口设置的，是多以"屋"的形象出现的一种标志性建筑物。寨门既是村寨内外的界标，更是一个仪式性的场所，村寨之间大型的交往活动通常从寨门开始也在这里结束。侗族寨门常采用传统穿斗式结构，主要有屋宇式、"连阙"式、牌楼式等类型。寨门的形象、营造技艺、构造细节存在明显的地域差异，反映了不同时期、不同地区侗族匠师的智慧及创造力。

高定侗寨寨门

马鞍寨寨门

寨门是村寨的标志性景观，也是村寨地位与身份的标志。

平寨寨门

平寨的寨门称为"兴"，是村寨之间交往的礼仪之门，是村民迎宾送客、向客人敬拦路酒、对客人唱拦路歌的地方。

高友侗寨寨门

寨门与周边自然景观相协调。

大利侗寨寨门

寨门的设计变化丰富，两侧空间可作为休憩、庇护的场所。

银潭上寨寨门

顶部为重檐塔形建筑的寨门。

大团侗寨寨门

特色鲜明的寨门既激发了村寨族群的认同感，也增强了外来者的地方性认知。

寨门的造型与
寨内的鼓楼形态相
呼应，增强了村寨
建筑的整体性和感
染力。

横岭侗寨寨门

中步侗寨寨门

独具特色的寨门。

岩寨寨门

与民居建筑相连接的寨门。

增冲侗寨寨门

造型奇特，色彩丰富，凸显寨门建筑的艺术价值。

上堡侗寨寨门

与亭、廊相结合，右侧以通行为主，左侧以休憩观赏为主，前后视野开阔。

坪坦侗寨寨门

结构复杂、造型高耸的寨门象征着村寨的地位。

中步侗寨山门

寨门依地形错落而建，是守护侗寨的重要关卡。

○ 鼓楼

　　鼓楼是侗族特有的建筑形式，是侗族建筑的杰出代表，凝聚着侗族的历史与文化，是侗族人精神信仰体系的核心组成部分。侗族鼓楼结构严谨、工艺精湛，集塔、亭、阁于一体，呈现出塔的雄伟、亭的秀美、阁的雅致，被赞誉为"建筑艺术的精华，民族文化的瑰宝"。鼓楼的轮廓形态有三大特征：一是以杉树为原型，整体呈现下大上小的塔楼状；二是鼓楼的重檐均为单数，少则仅一层，多可达二十一层，侗族人视奇数为吉祥之数；三是鼓楼楼体由多层屋檐密集叠起构成，高大而浑厚。鼓楼常位于侗族聚落的中心，通过辐射状的道路连通村寨民居建筑，便于寨内居民集散，空间层次丰富。

高秀侗寨北门鼓楼

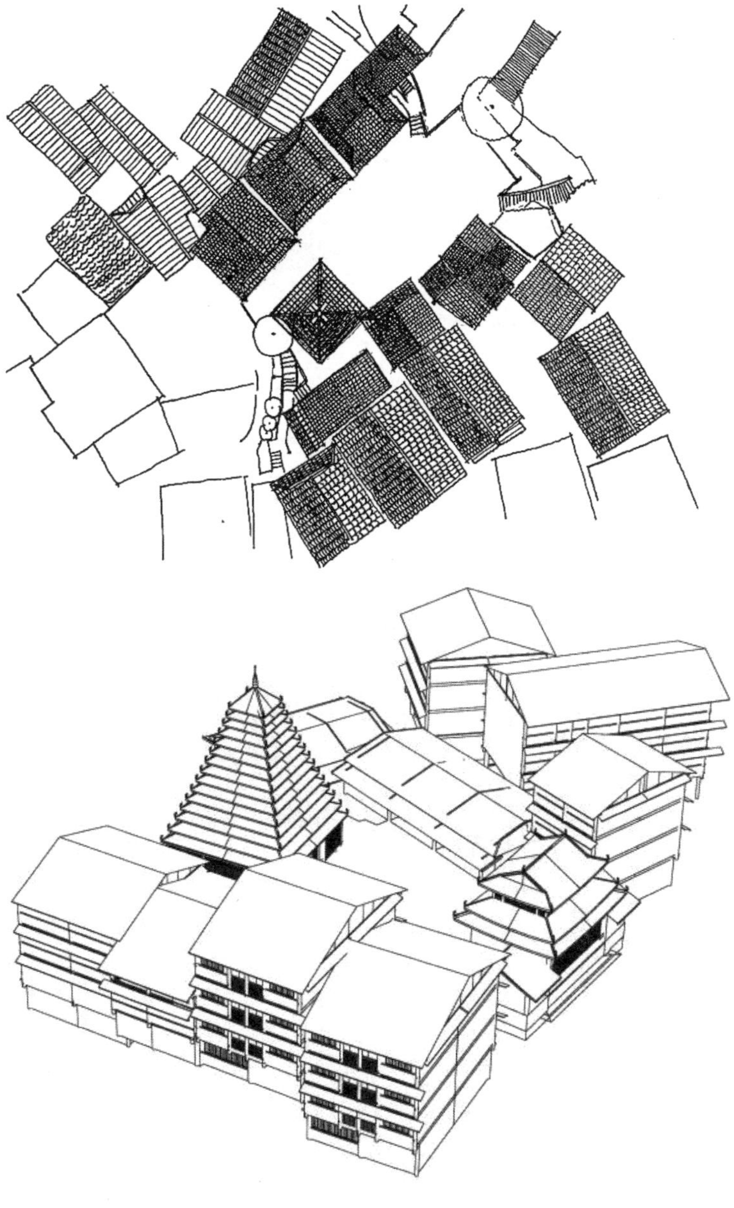

依据大木结构体系与屋面构造，我们可将鼓楼分为抬梁穿斗混合式、穿斗式两类。[①]其中，抬梁穿斗混合式可细分为"梁型"和"穿型"；穿斗式可细分为"中心柱型"和"非中心柱型"。通过对鼓楼结构的剖析，我们发现：冲边鼓楼、田中鼓楼都是"梁型"鼓楼的典型代表；横岭鼓楼、岩寨鼓楼是"穿型"鼓楼的典型代表；八协鼓楼为"非中心柱型"鼓楼的典型代表；堂安鼓楼为"中心柱型"鼓楼的典型代表。

雷鸣、闪电、狂风、暴雨、火焚、虫蛀等灾害常常威胁鼓楼的安全与寿命，不少侗族鼓楼需要修缮与更新；同时，聚落的扩展与经济发展，也促使了鼓楼的重建与革新，进而影响侗族村寨的物质空间重构与精神空间建构，不断推动侗族乡村聚落文化传承与发展。

马鞍寨鼓楼及空间

---

① 蔡凌.侗族鼓楼的建构技术 [J]. 华中建筑，2004，22（3）：137-141.

马鞍寨鼓楼

鼓楼作为标志立于村寨的中心，侗族人的生活围绕鼓楼而展开，表现出高度的和谐与团结。

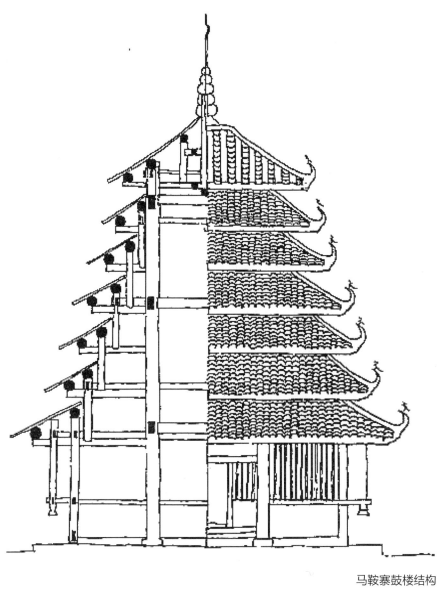

马鞍寨鼓楼结构

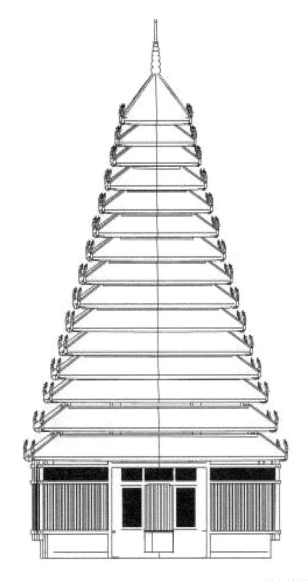

岩寨鼓楼立面

鼓楼以防腐木木凿榫衔接，顶梁柱拔地凌空，排枋交错，上下相合，逐层承托。

平寨鼓楼及周边景观

位于村寨中心的鼓楼，也是视觉景观的焦点。

岩寨鼓楼及周边景观

鼓楼矗立在村寨中心，统领着村寨的整体景观风貌。

鼓楼集塔、阁、亭于一体，
具宝塔之英姿、阁楼之壮观。

高秀侗寨中心鼓楼

大团侗寨中心鼓楼

挑檐的坡度变化，增强了鼓楼高耸的视觉效果。

高友侗寨鼓楼

造型独特、楼体高大、功能显著的鼓楼突显在建筑群中，每座鼓楼又以方便的交通网络连接着各家各户，构成了丰富的空间层次。

侗族鼓楼一般选较平坦地建之,寨内寨边皆可。楼前建鼓楼坪,此坪大则数亩,小则不足半亩。

大利侗寨中心鼓楼

黄岗侗寨鼓楼及周边景观

鼓楼与周边的自然与人居要素交相辉映。

述洞侗寨中心鼓楼

述洞侗寨中心鼓楼号称"鼓楼之宗"，被认为是侗族地区现存最古老的一座古楼。整栋鼓楼只依靠一根柱子直贯顶端的楼心，以此来承受整座楼的重量。

堂安侗寨鼓楼及周边景观

堂安侗寨鼓楼是祭祀、举办婚丧嫁娶酒宴和迎送宾客的重要场所，平面布局为内外两个大小不等的四方形所组成的"回"字形。

厦格侗寨中心鼓楼

横岭侗寨中心鼓楼

中心鼓楼聚众议事、迎客送客、开展集体活动等功能延续至今，是侗族人不可缺少的公共活动中心。

银潭侗寨中心鼓楼

与其他鼓楼不同，银潭侗寨中心鼓楼为双层六角塔形攒尖顶式木结构建筑，重檐层数为偶数，各檐层盖杉树皮。

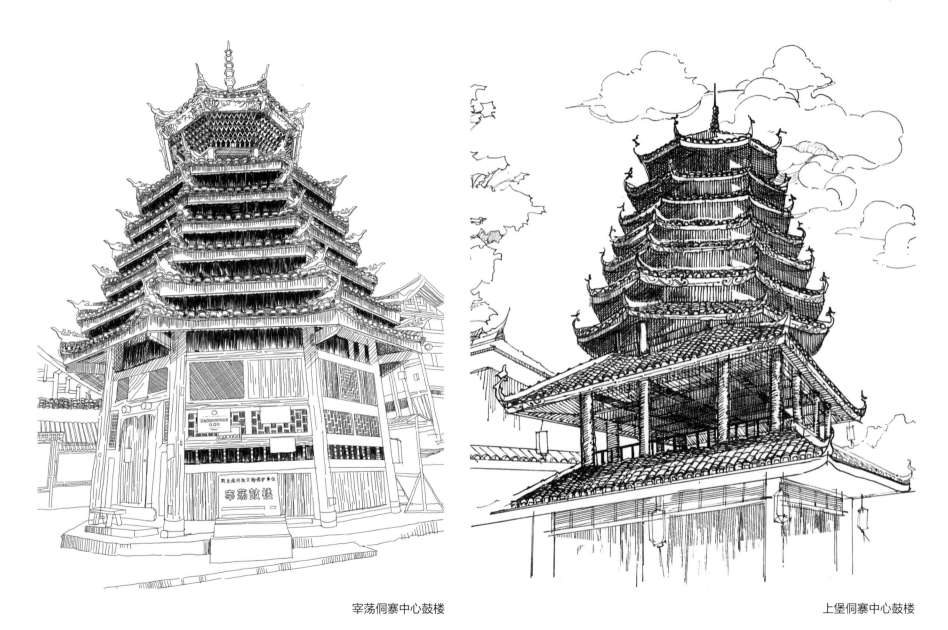

宰荡侗寨中心鼓楼

上堡侗寨中心鼓楼

鼓楼曾作为军事指挥中心，用于举行出征、凯旋仪式，能够增强族人的凝聚力。

占里侗寨中心鼓楼

　　占里侗寨中心鼓楼的平面呈正六边形，立面为十三层密檐单层攒尖顶，通高 18 m，楼上置有牛皮木鼓一个。

朝利侗寨中心鼓楼

增冲侗寨中心鼓楼

侗寨中鼓楼林立，与民居的屋面、远处的山林形成一幅层次丰富的诗意画卷。

高步侗寨中心鼓楼

鼓楼立于栋栋民居建筑之中，构成独特的景观序列。

鼓楼通过柱子、排枋、穿枋等主要构件的榫卯结构连接，牢固结实。其内部空间呈"回"字形，开敞且方便。村民在这里休憩、集会，日常使用较频繁，因此，鼓楼是侗寨里非常活跃的公共空间。鼓楼在空间上具有向心式的布局形态，层数一般为五至九层，屋顶层层重叠，气势雄伟。

阳烂侗寨中心鼓楼

坪坦侗寨中心鼓楼

坪坦侗寨中心鼓楼由寨门、厢房等组合而成，造型别具一格，建造技艺高超。

○ 风雨桥

风雨桥在建筑上称为廊桥或楼桥，侗族人也称之为"福桥""花桥"，借以托物言志。风雨桥是仅次于鼓楼的副中心，既是居民重要的活动、交流场所，又是重要的精神空间。侗族人常在风雨桥祭祀祈福，以求村寨平安、人丁兴旺、五谷丰登等。

程阳风雨桥

一方面，风雨桥的建造解决了跨河流、山谷的交通问题，便于日常的生活、劳作与对外往来交流；另一方面，风雨桥的造型具有强烈的地域特征和民族文化色彩，它作为一种重要的地标景观，标示着侗族村寨的领地与存在。

侗族风雨桥是一种廊桥，营造技艺、形制结构相似，主要由屋顶、桥面、桥跨、桥墩四部分组成。传统风雨桥的桥墩一般为石砌，桥身（屋顶、桥面、桥跨）为木结构，根据长廊、亭阁等不同组合，可分为楼廊桥、亭廊桥、塔廊桥、阁廊桥、平廊桥五种类型[①]。

（1）楼廊桥：一般在两坡顶的中间局部开间做骑楼处理，屋顶轮廓线丰富。

（2）亭廊桥：一般在风雨桥的进出口两端或中间桥墩上建一个二重檐或三重檐的小亭子，以丰富桥身造型。

（3）塔廊桥：在桥墩上建造四至五层密檐的攒尖顶似宝塔的塔楼，使桥身造型更加庄重优美。

（4）阁廊桥：一般在多跨桥的两端和河中桥墩上建造四重檐以上的阁楼，屋顶为歇山顶，使造型更加丰富多彩。

（5）平廊桥：不管桥身长短，单跨或多跨，屋顶均采用两坡顶形式，木椽上冷摊小青瓦，正脊用青瓦白灰砌塑，经济简便。

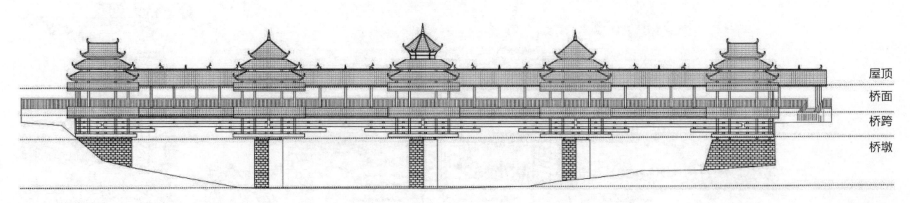

屋顶
桥面
桥跨
桥墩

风雨桥的组成

---

① 高雷，程丽莲，高喆 . 广西三江侗族自治县鼓楼与风雨桥 [M]. 北京：中国建筑工业出版社，2016.

岩寨风雨桥

风雨桥架在河道上，一头连着民居建筑，另一头接着农耕田园，沟通了生活、生产、生态空间。

岩寨风雨桥

　　风雨桥既可以为河流两岸村民的交通、往来提供便利，也是休憩、观景的重要场所。

高友侗寨风雨桥

造型简单的风雨桥，修建成本低廉，能承担起居民的生活、社交、休憩等基本功能。

高友侗寨风雨桥

风雨桥横跨乡村河流，重檐屋顶塔楼与周边侗族民居相协调，庄重优美。

上堡侗寨风雨桥

利用楼廊的形式，丰富屋顶轮廓线，与鼓楼形成视觉上的参差。

述洞侗寨风雨桥

风雨桥与水系、山林野趣相融。

大利侗寨风雨桥

风雨桥桥身较短，位于村落内部，木结构形式简单，功能较强。

银潭侗寨风雨桥

　　风雨桥的形式较为精美，在中间桥墩上既建造阁楼，又搭建塔楼，造型庄重，视觉效果丰富。

宰荡侗寨风雨桥

风雨桥结合塔廊和阁廊的设计，中间区域封闭，具有更多功能，但人行空间较为狭小。

大团侗寨风雨桥

风雨桥直接建立在山上田间，与道路垂直相接。

横岭侗寨风雨桥

横岭侗寨风雨桥为典型的亭廊桥，在进出口建小亭子，在中间坡顶以图腾形式丰富轮廓线，外观精美。

增冲侗寨风雨桥

造型较为简单，屋顶轮廓线平滑，青瓦勾勒出风雨桥朴实的内涵。

朝利侗寨风雨桥

风雨桥结合了楼廊的骑楼设计、阁廊的歇山顶设计和塔廊的塔楼设计，优美庄重。

朝利侗寨风雨桥

风雨桥桥身较长、跨度较大，建于日常交通密集的场所。

风雨桥置于溪流之上，成为
一道靓丽风景。

阳烂侗寨风雨桥

阳烂侗寨风雨桥

桥身以石块堆砌为主，周围路网交错，是人们每天劳作的必经通道，自然与人文景观相互融合。

坪坦侗寨风雨桥

风雨桥桥身单跨，桥下水域宽阔，双层骑楼美观精致。

○ 戏台

　　戏台是侗族人娱乐、看戏的空间场所，一般建在鼓楼两侧或与鼓楼相对的位置，也有些建于水塘之上。侗族人喜爱侗戏，侗族村寨都建有戏台，一个侗寨总会有一座戏台，有的侗寨建有两三座，肇兴侗寨甚至多达五座。戏台的修建非常讲究，集阁、榭、亭于一体，平面简单规整，多为正方形或长方形，立面造型与装饰千姿百态、变化多样。戏台由舞台、侧台、后台、化妆厢房等组成。在提供侗族艺术展演的空间场所的同时，戏台展现了功能、结构、环境和艺术的和谐统一。

堂安侗寨临水戏台

马鞍寨戏台

庄重而华丽的戏楼（台）凸显侗族人对文化的自信与重视。

高友侗寨戏台

戏台前建公坪，用青石板铺地，方便寨民看戏。

○ 凉亭

　　凉亭又称路亭，在侗族聚落里较为常见，多建于山坳边或水井之上，依山傍水或近路临田，供往来行人歇息、乘凉之用。凉亭多为木构建筑，现也见砖木混合结构，屋脊高耸，青瓦覆顶或杉木皮盖顶，屋顶内壁或木柱常绘有花草或飞禽走兽等图案，上书"风调雨顺、国泰民安"等文字，以昭示吉利。凉亭是侗寨的公益设施，多由全寨居民自筹资金或投工献料修建，并置有石碑，上刻建造时间、捐款人名及金额，以示功德。

　　井泉是侗寨传统饮用水来源，为了保证水质良好与用水安全，井上建亭成为重要的措施。井亭内常备有瓢具、条凳，方便人们取水解渴、稍做歇息。因为井亭的存在，居民交流增多，这里充满生活的气息，亲切、热情的景观氛围极具感染力。

堂安侗寨凉亭

高步侗寨凉亭

建在路边的凉亭，为往来劳作的寨民提供歇脚的场所。

平寨思源亭

岩寨思凉亭

凉亭建在水井之上，保障村民用水。

井亭临水而建，能为水边嬉戏、浣洗的居民遮风挡雨。

岩寨井亭

述洞侗寨临水凉亭

凉亭临水而建，既是风景，也是赏景场所。

○ 街巷

街巷是侗族聚落建筑聚集并围合而形成的线性空间形态，是承载居民日常交通、生活、活动的空间场所，民居通过街巷连接，互通内外，与山地田园构成聚落体系。在传统聚落中，基于生产力条件，聚落选址往往因势利导，民居建筑随形就势，形态变化丰富。街巷是聚落空间系统的骨架，串联起民居、鼓楼、戏台、凉亭等活动空间，是人们体验、感知侗族文化与生活的通道，也是解析侗寨聚落空间肌理的要素，穿行于其间，我们可洞察侗族人的生态适应智慧与审美文化。总体来看，侗寨聚落街巷空间肌理可分为"放射式""网格式""鱼骨式""自由式"四类。

街巷类型表

类型	聚落
放射式	高定侗寨　高阡侗寨　述洞侗寨
网格式	朝利侗寨　大利侗寨　地坪侗寨　高步侗寨　占里侗寨　岩寨 横岭侗寨　马鞍寨　厦格侗寨　增冲侗寨　中步侗寨　上堡侗寨
鱼骨式	高秀侗寨　高友侗寨　宰荡侗寨　芋头侗寨　坪坦侗寨
自由式	黄岗侗寨　堂安侗寨　阳烂侗寨　银潭侗寨　平寨　大团侗寨

民居之间形成的小巷的
空间尺度让人感觉亲近，是
体验侗族人日常生活的重要
空间，具有文化氛围。

马鞍寨街巷

沿某一趋势或方向伸展的街道、巷道，有一定的外拓性，构成村寨的"结构骨架"，并且具有良好的衔接性。

银潭侗寨街巷

岩寨小巷

平寨街巷

街巷成为村民避暑乘凉、往来休憩的重要场所。

大利侗寨街巷

沿河而建的街巷，成为连接居民与自然的重要空间。

黄岗侗寨街巷

在建筑围合形成的街巷空间里，可深度体验侗族人的日常劳作与生活起居。

述洞侗寨街巷

融入自然环境的街巷，更加宜人、亲切。

厦格侗寨街巷

由于地形高差，街巷纵横交错，空间层次丰富。

建筑、山体、小石阶错落，丰富了街巷的空间层次。

岩寨街巷

在建筑与田园之间，一道篱笆墙让路成为巷，让人有了体验侗族闲适生活的空间。

大团侗寨街巷

景园匠心：侗族乡土景观图释

占里侗寨街巷

禾晾是农耕文化景观的重要表达形式，置于道路两侧，营造景观空间氛围。

占里侗寨的禾晾景观

河道两侧的禾晾景观似乎在叙述着侗族人傍水而居的生态智慧。

宰荡侗寨街巷

小桥、流水、街巷并行，空间变化丰富，田园生活气息浓厚。